动物生活绘本系列

群体的规则和迁徙的道路

刘枫 编

航空工业出版社

北京

内 容 提 要

动物迁徙指的是动物由于繁殖、觅食、气候变化等原因而进行一定距离的迁移。迁徙有周期性迁移和非周期性迁移。当然迁徙大多指群体生活的动物，群体必然离不开规则。本书分为两个部分，11个小节，分别介绍了蚂蚁、军舰鸟、僧帽水母、海鱼等动物的群体生活和海鸥、非洲野牛等动物迁徙的艰辛。

本书配以精美的插图，故事情节生动，语言轻松幽默，是一本优秀的少儿科普读物，适合广大青少年阅读以及图书馆收藏。

图书在版编目（CIP）数据

群体的规则和迁徙的道路/刘枫编.—北京:航空工业出版社，2017.8（2022.3 重印）

ISBN 978-7-5165-1284-5

Ⅰ.①群… Ⅱ.①刘… Ⅲ.①动物－迁徙－研究 Ⅳ.①Q958.13

中国版本图书馆CIP数据核字(2017)第190679号

群体的规则和迁徙的道路

Qunti de Guize he Qianxi de Daolu

航空工业出版社出版发行

（北京市朝阳区京顺路5号曙光大厦C座四层　100028）

发行部电话：010-85672663　010-85672683

永清县晔盛亚胶印有限公司印刷　　全国各地新华书店经营

2017年8月第1版　　2022年3月第2次印刷

开本：710×1000　1/16　　印张：9　　字数：106千字

印数：5001—11000　　定价：29.80元

MU 目录 LU

群体的规则

迁徙的道路

群体的规则

“懒惰”的小满

艾尼蒙旅行的盘缠用光了，只好找了一份为熊大妈家花园除草的工作。

一清早，他就带着工具来到花园，舒展舒展身体，准备开始干活。可是刚要除草，就发现了一个大蚁巢，艾尼蒙扔下工具仔细观察起蚂蚁来。

他看到好多蚂蚁从蚁洞里进进出出，忙得不可开交。可是有一只蚂蚁却一动不动地趴在巢壁上。最让人吃惊的是，这家伙胖得出奇，大肚子简直像一颗葡萄一样。

艾尼蒙怒气冲冲地对这只蚂蚁说：“喂，懒鬼，你可真是有愧蚂蚁勤劳的美名，别人都在干活，为什么你在睡大觉？看看你都胖成什么样子了？”

不等那只蚂蚁解释，艾尼蒙继续咄咄逼人地说：“大家群居在一起，你应该具备为集体无私奉献的精神。你看人家工蚁，自己不繁殖却甘愿帮助蚁后喂养自己的兄弟姐妹。还有蜜蜂，他们用自己的生命换取了集体的安全。对比他们，你难道不觉得羞耻吗？”

“我也很想去工作，可是……”那只“懒蚂蚁”低声地说。

“可是什么？”艾尼蒙逼问。

“你错怪小满了，”另外一只蚂蚁放下搬运的食物说，“在我们蜜罐蚁群体中会有个别工蚁一生都呆在巢壁，肚子里塞满食物，被当做储存食物的工具。小满就是这样一个将自己一生的自由献给了集体的英雄。”小满羞涩地低下了头，艾尼蒙的敬佩之情却油然而生。

艾尼蒙为自己的鲁莽感到懊悔，以后每当花园浇水时，艾尼蒙都会事先通知蜜罐蚁，让他们提前作好准备，避免受到伤害。

艾尼蒙在笔记中写道："大自然中虽然充满着尔虞我诈、弱肉强食的行为，但是也有为了集体而不顾自身利益甚至牺牲生命的个体行为，这正是科学家在努力研究的利他行为。"

僧帽水母闹分家

傍晚时，艾尼蒙坐在海边的礁石上，一边欣赏着洒满太阳余晖的海面，一边思考着一个重大的问题。

“在想什么？我的孩子？”一只军舰鸟落在了艾尼蒙身边。

“大叔，我在感叹珊瑚的命运，虽然它外表很美丽，但一生都固定在原地，不能自由地旅行，多可怜。”艾尼蒙说。

“为了这个呀，珊瑚的主体是由米粒那样大小的珊瑚虫组成。它们聚居在一起，一代代的新陈代谢、生长繁衍，不断分泌出石灰石，粘合在一起。”军舰鸟说。

“世世代代生活在那里？够无聊的，大家应该寻求独立，去追求自己的生活。”艾尼蒙坚定地发表意见说。

“自由的生活确实很吸引人，但珊瑚虫的群居生活是自然的选择，在浅海海域，微小个体难以经受海浪的冲击，只有拥有珊瑚那样钙质的基盘，他们才能牢牢固定在海底并逐渐抬升。”军舰鸟解释说。

“如果你仍然不明白，或许僧帽水母闹分家的故事能够给你点启示。”军舰鸟说。

僧帽水母上部是一个充气的囊状浮器，下面有成簇的水螅体，它们分管捕食、生殖和摄食。捕食个体可麻痹小鱼和其他猎物，然后营养个体包住麻痹的猎物，加以消化。

有一天，负责捕食的个体认为自己辛辛苦苦扑捉的猎物却由消化个体独享，实在不公平。负责消化的个体也觉得生殖个体什么都不干，却享受自己分解的养分，很没有道理。

于是大家大吵一架，各奔东西了。

可是没多久，大家就不得不重新聚在了一起。

它们有的说，脱离了囊状浮器，每天只能生活在水底，几乎失去了行动能力；有的说，单独的个体根本无力与其他竞争者对抗；还有的说，失去了防御体的保护，自己简直不堪一击。

大家终于明白，它们是不能分离的集体，在这个整体中，谁都有不可替代的作用，于是大家又团结起来，组成了一个完美的僧帽水母。

听了军舰鸟的讲述，艾尼蒙也明白了在很多动物中，个体群居在一起形成相互依存的关系，有时个体与群体的关系都很难划分，大家密切联通成了一个整体，个体也从群体中获得了诸多好处。

谁是收信人

因为总担心会冲毁蚁巢，所以园丁艾尼蒙总是不忍心给花园浇水。很快，花园里就一片荒芜，惨不忍睹。

熊大妈忍无可忍，毫不犹豫地将艾尼蒙赶出了花园。

不过，工作的机会有很多，艾尼蒙很快找到了一个送邮件的工作。

艾尼蒙来到蚁巢前面，他要把一份邮件交给这里的雄蚁。

艾尼蒙向洞口张望，突然听到一阵嘈杂声，仿佛有千军万马席卷而来。艾尼蒙心想一定是蚂蚁们觅食回来了，连忙让开了洞口。

果然有很多蚂蚁扛着各种各样的食物陆陆续续回到了洞里。

艾尼蒙拉住一只扛着大块食物的蚂蚁问：“你这么有力气，一定是雄蚁吧？”

这只蚂蚁摇摇头说：“我是负责觅食、喂养幼蚁及蚁后的工蚁，雄蚁只负责和蚁后交配，他才不会出现在我们这种劳动队伍里。你想找他的话，还是去洞里问问吧！”

艾尼蒙刚走到洞口，里面就气势汹汹地冲出几只大蚂蚁。他们长着大大的头和巨大的上颚，让人望而生畏。

艾尼蒙知道这是兵蚁，专门负责蚁巢的保卫工作。据说他们总是感觉很饥饿，所以不管遇到什么动物都会毫不犹豫地进行攻击。

艾尼蒙连忙将邮包举起来给兵蚁看，连连说："我是邮递员，这里有雄蚁的邮件。"

经过兵蚁全面地检查，艾尼蒙终于被允许进洞。

没想到蚂蚁洞像迷宫一样，艾尼蒙问了一千多只蚂蚁都没有找到雄蚁，找得腿都发抖了，才来到一间宽敞的房间。

这里有一只体型巨大的蚂蚁，长着特大号的肚子，此时正张着嘴等待工蚁喂食。

艾尼蒙正看着发呆，一只工蚁驱赶他说：“你是谁？不要在这里打扰蚁后，快出去。”

“原来这就是负责产卵、繁殖后代和统管这个群体大家庭的蚁后。”艾尼蒙自言自语着退了出来，没留神撞到了一只扛着食物经过的工蚁。

艾尼蒙刚要道歉，却被地上的“食物”惊呆了。

原来，地上的“食物”是一只长着翅膀的蚂蚁。

那只工蚁对发愣的艾尼蒙说：“这是一只雄蚁，他与雌蚁交配后不久就死去了，因为他身上依然散发着我们族群的信息素，所以我就把他扛回来了。”

“不会吧，这就是收件人雄蚁？原来已经死去了，那我的信该送给谁呢？”

第一个任务就不能完成，艾尼蒙预感到自己的邮递员生涯又即将结束了。

他垂头丧气地在蚁穴旁写道："蚂蚁属于一种比较高级的社会性动物，他们常成群活动，每群蚂蚁中都细致地化分为繁殖蚁、工蚁和兵蚁，各司其职，井然有序。毫无疑问，它们很了不起，但我真的希望下一份工作千万不要再和蚂蚁扯上关系了。"

鱼儿旅行团

艾尼蒙报名参加了一个鱼儿旅行团，出发那天，带队的老师对大家说："各位，都准备好了吗？我们的旅行路线很遥远，就是从大湖的东岸游往西岸。"

本来以为要去大海呢，原来仅仅是跨越湖面，艾尼蒙虽然有点失望，但还是和大家上路了。

在路上，艾尼蒙感觉到，鱼类的群体行为虽然不如蚂蚁和蜜蜂那样复杂，但是也算得上秩序井然。

鱼群在前进过程中，有固定的队列，大家如果发现食物或天敌就会互相通知，在领头鱼的正确引导下大家也节省了很多能量消耗。

“大家原地休息。”带队的鱼老师大声说。

鱼群的前进队形解散后，鱼儿们放松了很多，母鱼们开始窃窃私语，成年公鱼则抓住时机向孩子们传授摄食和逃难技巧，年轻公鱼们窜来窜去地在向年轻母鱼吹嘘自己。

“大家注意了，有鱼虫。”一只小鱼喊起来，其他鱼儿顿时有了精神，他们立刻冲向了鱼虫群。起初看，大家好像一团糟，可是眨眼功夫，没人专门指挥，鱼群已经将鱼虫群从各个方向包围了起来。

带队的鱼老师拍了一下发愣的艾尼蒙，招呼说：“小精灵，肥肥的鱼虫很美味，快来一起尝尝吧。”

艾尼蒙愉快地接受了邀请，可是刚要张嘴，突然见鱼群开始骚动，他还没有反应过来，就见一条大鱼冲了过来。

小鱼们像约好了一样，分成两拨向不同方向逃去，刚才还在争抢鱼虫的小鱼们全都溜之大吉了。

“啊！”留在原地被暴露出来的艾尼蒙被大鱼撞到了一边。

大鱼对小精灵没有兴趣，扔下他又去追小鱼了。小鱼们此时已经从两个方向绕到了大鱼背后形成一条曲线移动。大鱼折过身向鱼群最密集处冲过去，眼看要得手了，小鱼们故伎重演，又分成两路绕到了大鱼的背后。

小鱼看起来数量众多，可是等你追过去，他们却总能按照一定的队形躲开攻击。

大鱼老是扑空，头都绕晕了，还是一无所获，只好气愤地离开了。

艾尼蒙对鱼类的组织能力由衷钦佩，当旅行结束后，他在笔记本上写道：“集体行动的一个好处是当大家聚在一起时，更容易找到自己中意的另一半。在类似行动中，成员们会依据环境条件的不同而改变自己行动的队列，以应付遇到的各种情况。”

“唉，什么时候，精灵族也能组织这种活动啊……”

他陷入了遐想中。

裸鼹鼠的抗议

黄昏来临，艾尼蒙伸伸懒腰，准备入睡了。

这时，远处传来了一阵喧闹声，爱凑热闹的艾尼蒙立刻睡意全无，顺着声音奔过去了。

原来是许多裸鼹鼠在向鼹鼠大族长抗议，一只裸鼹鼠义愤填膺地说："集体生活中存在很多不公平，我们要结束这种集体生活。"

其他裸鼹鼠群情激奋，跟着吵闹起来。

拿着权杖的大族长示意大家安静，然后说：“我们裸鼹鼠以植物块茎为食，有的块茎很大，重量几乎是我们体重的上百倍，碰巧挖到一个的话，会怎么样呢？”

“大家一年的口粮就全有了。”裸鼹鼠们异口同声地说，口水也流了出来。

“如果我们单独生活的话，挖到大块茎的可能性大不大？”大族长又问。

“当然不大啦，在地下乱挖地道，不仅耗去很多能量，而且碰上块茎的几率也极低，很可能挖了几天地道、精疲力竭了还一无所获。”带头抗议的裸鼹鼠说。

“所以说我们独居的存活机会很小，集体生活才是最好选择，大家必须组织起来，分头找食物，找到食物就一起分享，这样才能节省时间和精力。食物是有限的，为了控制群体数量，只有少数成员享有繁育后代的权利，这也是为了共同受益。”族长说话真是头头是道。

看到大家若有所悟，大族长趁热打铁地说：“在狮群中，母狮也会共同喂养小狮子。在狼群中，低等级的狼常常把食物反吐给高等级的狼和他们的小狼。还有獴，很多雌獴都会为高等级的獴的孩子哺乳。你们所谓的不公平状况，在很多动物群体中都存在，大家无条件的奉献是为了整个集体能够繁衍，这就是群体的法则。”

大家终于被大族长说服，回到了自己的群体中，安心从事着各自的工作。

艾尼蒙也若有所悟，他在笔记本上写道：“社会性哺乳动物的一个标志就是成年个体合作育幼，非生殖个体喂养和服侍生殖个体，子代协助双亲养育自己的同胞弟妹。”

惩罚小霸

草原上的天气变化多端，刚才还晴空万里，现在却突然下起了暴雨。

艾尼蒙将包袱顶在头上，慌里慌张地躲在一株大树下，这里还聚集了几只被冻得瑟瑟发抖的小猩猩。

艾尼蒙问：“前面应该有可以避雨的山洞，又干燥又暖和，你们为什么不去呢？

“我们想去，可是被小霸轰出来了。”小猩猩可怜巴巴地说。

“小霸是谁？为什么这么霸道？”艾尼蒙问。

“他也是个小猩猩，因为首领很喜欢他，所以平时就趾高气扬。首领不在的时候，他还比较老实。可首领一回来，他就得意起来，有吃的必须先给他，走路都得让着他。”

“哼，我最恨这种仗势欺人的家伙，一定要好好教训他。”艾尼蒙说。

大家都受够了小霸的气，对这个提议一致赞同。

不知不觉中，雨已经停了。

小霸大摇大摆地走出了山洞。看到小猩猩们围在大树下不知在干什么，他便好奇地走过去，蛮狠无理地嚷道：“你们在看什么？都让开，我看看！”

一只小猩猩讨好地说：“这里有一个精灵木偶，拿着好多好吃的水果。”

“好吃的水果？快让开，我先吃！”小霸推开了其他人。

刚碰到食物，艾尼蒙装扮的木偶就照着小霸的头顶狠狠地砸了一锤。

“哎哟……木偶打人了！”小霸惊慌失措，抱着头逃跑了。

第二天，小霸又看到昨天的“精灵木偶”挡在路的中间。他摸摸脑袋上的大包，连忙想绕到旁边，可刚迈步，就听“噗通”一声，他掉到了挖好的陷阱里。

从此以后，小霸再也不敢狐假虎威，和别人争路争吃的了。

小朋友，上面的故事可不是异想天开。根据动物学家珍妮·古德尔女士的研究，猩猩社群中确实存在某个猩猩因为和首领存在特殊的友谊而地位获得提高的例子。可见，猩猩在群体中的地位并非稳定的，也会受到其他因素的干扰。

哈氏隼狩猎家族

艾尼蒙来到一片广袤的戈壁滩，他要拜访这里极有声望的哈氏隼（一种隼的名称）狩猎家族。

这个家族以精湛的群体狩猎技术闻名，大族长邀请艾尼蒙观看了他们的狩猎活动。

清晨，所有的家族成员都在大石壁上集合，大族长对大家说：“我们依旧分成几个小队，每队1～3人，轮流在狩猎区上空巡逻，一旦发现猎物马上通知大家。”

哈氏隼立刻分组，井然有序地开始执行任务了。

很快，有一支搜索队报告，发现一只肥硕的长耳兔正在灌木丛里觅食。大族长马上下令，执行A计划，也就是惊吓袭击战术。

几只哈氏隼马上起飞，从三个方向出击，将兔子赶到了开阔的地带。

其他成员见时机成熟，马上加入了围捕，虽然哈氏隼数量上占优势，但兔子也不简单，充分发挥自己大长腿的优势，左躲右闪，竟然钻进了空地上唯一的一簇植物丛中。

艾尼蒙替兔子松了口气，心想这下隼就没办法了吧。

可是大族长丝毫不担心，果然，大部分隼都潜伏了起来，只留下两只隼不住地干扰植物丛中的兔子。

兔子被骚扰得受不了，见外面隼都飞走了，自信能够摆脱剩下的两只隼，于是冒险跑了出来。

这下可中了圈套，潜伏的近数十只隼同时起飞，发起了攻击。

兔子大吃一惊，发疯一样逃跑，隼换着拨持续追击。兔子终于跑不动了，落到了捕食家隼的手里。

艾尼蒙和得意的大族长来检视战利品，艾尼蒙发现这只兔子的重量至少是隼的2～3倍，他不得不佩服哈氏隼一流的狩猎技巧。

艾尼蒙坐在崖壁上，回忆着刚才惊心动魄的狩猎场景，在笔记本上写道：“集体狩猎能使觅食成功率提高，使捕食者杀死或捕获比自己更大的猎物。另外，困扰我的一个问题是，为什么隼选择了群体狩猎，而长耳兔却没有选择集体防御的生活呢？”

阿紫的孩子

冬天来临了，草原上的狼不约而同地向同一个地方聚集。

原来，夏天的时候水草丰美，食物充足，狼都是以家庭为单位狩猎。寒冬来临时，食物开始短缺，大家就要聚到一起，以提高狩猎的成功率。

母狼阿紫也带着自己的孩子来到狼群里，她的丈夫被猎人打死了。这次加入狼群有助于阿紫有更多的机会结识新的配偶，还能让自己不到一岁的孩子和其他狼学到很多有用的知识。

今天，狼群捕获了一头母牛，饱餐一顿后，大家心满意足地躺在地上休息。

突然，一只牛犊冲进了狼群栖息的地方。

大概是那头母牛的孩子找不到妈妈，所以误打误撞地冲到了这里。

小狼们立刻围了上去，他们的父母却没有行动，懒懒地看着。

小牛看到小狼围上来，也不示弱，低下头，露出了微微凸起的小角。

小狼们学着大狼的做法，先围着猎物转圈，伺机进攻。

阿紫的孩子第一个突袭，扑向小牛，小牛立刻甩头迎上去，小狼害怕了，连忙跳到了一旁，其他小狼见小牛不好对付，都不敢轻易进攻了。

小牛瞅准了机会，向着一个空隙猛冲了过去，小狼们都很惊慌，立刻让出了一条道。小牛于是“哞——哞”地尥着蹶子逃跑了，小狼们醒悟过来，也“嗷嗷”叫着冲了上去。

过了一段时间，小狼们垂头丧气地回来了，显然，他们应付不了他们的小对手。

这样的事在狼群里经常发生，虽然多次失败，但小狼们却从中得到了锻炼的机会。

夏天来临，狼群又各奔东西。此时，阿紫已经找到了自己新的配偶。而她的孩子，已经成长为健壮的公狼，草原上最矫捷的猎手。

“群体生活为后代创造了更好的学习环境，这对于成长缓慢的哺乳动物来说，意义更加重大。”艾尼蒙在自己的笔记本上这样写道。

找上游的鱼

一天，艾尼蒙正拖着行李在水里赶路。对于精灵来说，水里和陆地是没有区别的，大家也不用担心他的大行李包会弄湿，那可是用高级防水材料制成的。

“嗨，小精灵，能帮个忙吗？”一只海龟游过来打招呼。

原来海龟准备开一个冬季派对，想请艾尼蒙顺路邀请珊瑚中的宅泥鱼首领来参加。

“捎口信吗？太简单了，没问题，我一定转告他。”艾尼蒙爽快地答应了。

宅泥鱼生活在澳大利亚大堡礁中的鹿角珊瑚之间，他们每三十条左右组成一个群体，以被海水冲过珊瑚的浮游生物为食。

艾尼蒙来到了大堡礁，很快找到了一条小宅泥鱼。

艾尼蒙和他说："小伙子，你是宅泥鱼群的首领吗？海龟准备召开冬季派对，邀请你务必去参加呢。"

"哦，我可不是首领，他在上游，你去那里找他吧。"小鱼说。

艾尼蒙向上游游啊游，又碰到了一条大一点的宅泥鱼，可是听了艾尼蒙的话，那条鱼也摇摇头说：“哦，我可不是首领，他在上游，你去那里找他吧。”

就这样，艾尼蒙游啊游，碰到的宅泥鱼体型越来越大，不过大家都说，首领在上游。

不知游了多长时间，艾尼蒙又碰到了一条宅泥鱼，他问："请问，你们的首领还在上游吗？"

"哦，你有什么事吗？我就是首领啊！"那条鱼平静地说。

"什么，你就是首领？"艾尼蒙激动得差点哭出来，"我总算找到你了！"

“我受海龟的委托来邀请你参加他的冬季派对。”

“哦，谢谢海龟的邀请，不过我恐怕不能参加了。”鱼首领遗憾地说。

“为什么？”艾尼蒙惊讶地瞪着眼睛问。

“因为现在已经是夏天了。”鱼首领无奈地说。

“宅泥鱼的例子就说明了，在群体生活中高等级个体占有最多的食物资源。大鱼会在上游捕食，截获刚进入水流的食物，小鱼们就只好在下游食用又小又差的食物。”

艾尼蒙合上笔记本沮丧地说：“没有搞清楚状况之前，还是不要轻易承诺的好呀。”

发生瘟疫了

艾尼蒙拖着包袱走在草原上，他还在为帮海龟传话失败的事感到沮丧。

“小精灵，等一等。”突然有人在后面呼唤他。

艾尼蒙仔细一看，原来是一只鸭子正摇摇晃晃地追上来。

“小……小精灵，我是草原医院的护士，这里发生了瘟疫，需要大量医护人员。你是精灵，一定知道一点医药知识吧！快来帮我们吧！”鸭子气喘吁吁地说。

“虽然我懂得不多，但很乐意能帮到你们。”艾尼蒙回答。

“太好了，跟我走吧。”鸭子护士摇摇晃晃地说。

医院里面已经躺满了病人，艾尼蒙成为了大象医生的助手。

草原卫生局的官员袋鼠来调查情况，问大象医生："医生，检验出瘟疫类型了吗？"

大象医生肯定地说："是鼠疫，通过跳蚤来传播的。"

“跳蚤？”袋鼠想了想，说，“跳蚤靠寄生在别的动物身上生活，在草原上很常见，不过为什么这次会引起瘟疫呢？是哪里出现了问题？”

“病人中草原野犬的数量最多，大概是他们的群体出了问题吧？”鸭子护士猜测说。

“嗯，也有可能，我马上去调查一下。”袋鼠说完就急匆匆地跳走了。

可是，调查的结果却让大家很疑惑，同样是野犬，草原北部的野犬群损失惨重，南部的野犬群却安然无恙。

大家一起分析了很多可能引发瘟疫的原因，但都一一排除了。

艾尼蒙突然想到，北部的野犬群体要比南部的野犬群体庞大得多，会不会是数量的不同导致了瘟疫侵害程度的不同呢？

“对，很可能是野犬群体越大其寄生物的密度也越大，寄生物会传播鼠疫，当达到一定程度时就会引起瘟疫。”大象医生分析说。

“既然是这样，我就马上去通知野犬，让他们迅速分散成员，减少群体密度，这样瘟疫就可以控制了吧。”袋鼠说。

果然，当野犬群体规模减小后，瘟疫慢慢消失了。

后来，艾尼蒙又遭遇了一次海滩瘟疫事故，这里隔一段时间就会出现岸燕雏鸟体重不断减轻，死亡率不断升高的情况。

艾尼蒙运用在草原瘟疫中得到的经验，推断一定是因为岸燕群体扩大使寄生物数量增加的缘故，导致了群体成员的死亡。

他劝岸燕们通过控制群体的规模来改变周期性的群体衰减，果然取得了明显的成果。

让徒的道路

“怎么会这样？”在清新的早晨，寂静的丛林里，传出一声惊呼。

从树洞里飞出一个小精灵，不错，是艾尼蒙。不过，他以前只会走路和游泳，现在背后却长出了一对翅膀，可以飞翔了。

精灵老师曾经说过，当知识积累到一定程度，精灵就可以自由地飞翔。

“老师说的没错，经过这段时间旅行学习，我现在真的可以飞了。”艾尼蒙兴奋地笑着，穿梭于大树和灌木之间。

一阵寒风吹来，艾尼蒙打了个寒战：“天气转冷了。”他这才想起，已经好久不见青蛙和松鼠了，原来冬天快到了。

艾尼蒙看到一只海鸥飞过，这是一只轻盈优美的海鸟，鲜红颜色的长喙和双脚，就像用红玉雕刻成的一样。头顶上的一片黑色，好像戴着顶呢绒的帽子。

艾尼蒙兴致勃勃地追上去，友好地问：“小海鸥，要去哪里呀？”

海鸥看看艾尼蒙，沮丧地回答：“我要去南方过冬，可是我和大家走散了，现在不知该怎么办了。”

“哈哈，太巧了，我也准备找个地方过冬呢！我们作伴好吗？”艾尼蒙热情地说，“我可是个旅行的专家啊！”

“嗯，看起来你还比较机灵，跟着我一定可以学到很多知识。”海鸥说。

“……”原来是个自以为是的家伙，艾尼蒙无话可说了。

“我是小精灵艾尼蒙。”

“我是北极燕鸥，叫北欧。”北欧看看太阳说，“趁着天亮，我们快赶路吧！”两个伙伴上路了。

“知道怎么走吗？”艾尼蒙问。

“当然了，根据太阳、星星和磁场就能确定方向。”北欧胸有成竹地说。

“你这么厉害，怎么还会和群体失散呢？”艾尼蒙故意刁难说。

“这个呀……那几天发烧，眼前到处都是星星，不知不觉就走偏了。”北欧不好意思地说。

“每年都要迁徙，多麻烦，呆在一个温暖的地方不就好了吗？”艾尼蒙问他的新同伴。

“没那么简单，迁徙能让我们找到更多食物，北极的夏天日照长，很适合我们的猎物生长，每年我们都能饱餐好长时间呢。而且……”北欧突然害羞起来。

“而且什么，快说啊！”艾尼蒙焦急地问。

“大家定时集中到一起迁徙，能够多认识点女孩子嘛。”

“哈哈，你想的挺长远啊。”艾尼蒙诡异地笑着。

“咕……”艾尼蒙的肚子突然响了起来。

“哈哈，饿了吧？也难怪，长途飞行会比平时消耗更多的能量。况且你的身体也比较瘦弱，我们下去找点吃的吧！”

“你才瘦弱呢！”艾尼蒙冲着像纸片一样柔弱的北欧不服气地说。

天气转冷，食物不像夏天时那样充沛了。

艾尼蒙和北欧分头行动，将找到的松果、包谷放在山坡上，准备一会儿好好享用。

当艾尼蒙抱着一些土豆返回时，听到“一二一、一二一……”的号子声。他吃惊地看到，有三十多只灰山鹑排成一列纵队,正迈着整齐的步子向自己收集的食物靠近，眼看要踩上去了，却丝毫没有停下来的意思。

“立定！”艾尼蒙忍无可忍，冲到了队伍前面，山鹑们吓了一跳，“咕咕”地乱叫起来。

领头的山鹑问艾尼蒙：“小精灵，你为什么挡我们路？”

“你们这帮家伙，难道想糟蹋我辛苦收集来的食物吗？”艾尼蒙气势汹汹地问。

“哦，对不起，我们忙着迁徙，没有看到食物。”领头的山鹑说。

“迁徙？鸟都是飞行迁徙的，你们怎么是步行呢？这么慢，什么时候才能到达目的地呀？”艾尼蒙问。

“暖和的时候我们生活在高山区，天凉了就迁移到山下越冬，我们走得并不远，所以上山下山都是步行的。”山鹑说。

“小精灵，我们得赶路了，再见。”山鹑礼貌地说，然后喊着“一二一”的口号，带着大家前进了。

艾尼蒙看到后面的山鹑每人手里都抱着一些食物，感慨地说：“步行迁徙，还要带这么多食物，真辛苦。”

目送着山鹑队伍远去，艾尼蒙来到放食物的地方，他惊呆了，原来那里已经一无所有。

“咕！”艾尼蒙的肚子又响起来，他愤愤地说：“该死的山鹞，竟然把食物全偷走了。”

“所以说你的社会经验太少，以后和我好好学吧。”北欧不屑地说。

“吹牛，你靠吹牛能填饱我的肚子吗？”艾尼蒙故意激将。

“哈哈，好说，你等着。”北欧果然中计，从云中一头扎了下去。

下面是大海，身为北极燕鸥的北欧可是捕鱼高手，幻想着鲜美的大鱼，艾尼蒙喜滋滋地跟了下去。

果然，刚钻出云层，就看到北欧已经得手，嘴里衔着一条大鱼正得意地向艾尼蒙飞过来。

艾尼蒙正要欢呼，突然，他惊恐地发现，北欧的后面笼罩着一片黑影，不好，是海雕！

“快逃，是海雕！”艾尼蒙大叫。

北欧忙回头看，果然一只凶狠的大海雕紧跟在自己后面，狞笑着说：“你是我的了，嘿嘿！”

“救命啊！”北欧顿时惊慌失措，一张嘴，抓到的鱼也掉了下来，北欧无暇顾及，仓皇逃窜。

海雕紧追不舍，这也难怪，小鸟迁徙的这段时间正是这些猛禽的繁殖期，家里孩子嗷嗷待哺，大海雕是不会轻易放过眼前的猎物。

“海雕，瞧这里！”在几乎绝望的时候，突然，北欧听到了艾尼蒙的喊声。

他回头瞅一眼，见刚才自己丢掉的鱼现在竟然飞了起来,而且速度快得像一枚导弹，正好砸在了海雕的头上。

“啪！”海雕受到这一击，顿时眼冒金星，盘旋着栽向海面。

眼看要落在水里，突然斜刺里又飞出一只海雕，把同伴救了起来。

艾尼蒙惊呆了，北欧大喊：“他还有同伙，快跑！”

艾尼蒙回过神来，急忙扇动翅膀，顺着海岸飞。

“笨蛋，向内陆飞。”北欧尖叫着，拉起艾尼蒙冲进了岸边的密林里。

飞了很久，终于来到一片草原上，艾尼蒙喘着气说：“不行了，一天什么都没吃，我得歇歇了。”

于是，他们落在了一棵大树上。

“多亏了你的‘飞鱼弹’，我才死里逃生。”北欧感激地对艾尼蒙说。

“那算什么，我可是橄榄球高手，我的球又准又恨。”艾尼蒙得意地说。

“吹牛。”北欧不以为然，不过还是庆幸地说，“好多鸟都会在漫长旅行中因为体力不支在猛禽的巢穴附近降落，成为了猛禽的捕食对象，我们还算幸运，逃过一劫。”

“呼……呼……”北欧这才发现，艾尼蒙早已进入了梦乡，他无奈地叹口气，也闭上了眼。

“轰隆隆……”正当艾尼蒙和北欧睡得酣畅时，突然传来天崩地裂的响声，仿佛大地都在颤栗。

艾尼蒙连忙揉揉惺忪的眼睛，才发现一大群美洲野牛正奔跑着经过这里。

看着漫天的黄尘，北欧庆幸地说：“多亏我们站在高处，不然就危险了。”

话音未落，“嗵！”一声，一头野牛撞到了大树上，他摇摇头继续跑，大树剧烈摇晃起来，多亏艾尼蒙眼疾手快，才抓住了差点掉下去的北欧。

北欧气急败坏地大叫："怎么不看路呀？撞了树也不说声对不起。"

艾尼蒙指指远处，说："这不怪他们，你看看那里。"

北欧向远处望过去，原来是几只狮子正在牛群后面追赶狩猎。

北欧说："这些野兽和猛禽一样，都在路上等着伏击迁徙的猎物呢。"

艾尼蒙愤愤不平地说："这些家伙真讨厌，搞得人家旅行都不安生。"

其实，牛群的麻烦还不止狮群而已，因为在狮子后面还跟随着很多野狼。

艾尼蒙摇摇头说：“当头野牛可真不容易。”

“这些家伙随着野牛一路迁移，最会捡便宜了。”北欧看着野狼群说。

不知不觉，太阳快下山了，北欧建议晚上去山洞休息。

他们找到一个黑漆漆的山洞，艾尼蒙有点害怕，但见北欧走了进去，也只好跟在后面。

“好啦，我就在这里睡了。”北欧站在一块石头上说。

“那里太低，感觉不安全，我还是去高处看看吧。”艾尼蒙说着摸黑向高处爬。

“哎呀！”艾尼蒙叫起来，他摸到了一个软绵绵的东西。

“嘘，小声点，大概是冬眠的蝙蝠，别吵到他们。”北欧连忙说。

“冬眠？蝙蝠也有翅膀，身体又灵巧。为什么不像其他鸟那样迁徙，却躲在这里睡大觉？”艾尼蒙挪了挪身子，想尽量离蝙蝠远点。

“这你可问对人了，仔细听着。”北欧清清嗓子说，“首先，蝙蝠的翅膀在低速飞行时虽然会产生强大的上升力，但是在高速飞行时的阻力也很大。其次，他那么小的身体难以储存足够多的脂肪来应付长途飞行的消耗。”

当北欧讲得津津有味时，黑暗中传来了“呼噜、呼噜……”的声音，原来艾尼蒙又进入了梦乡。

艾尼蒙梦到自己的考察成果获得了精灵老师的赞赏，正式成为了精灵使者，正当他喜滋滋地要接过精灵权杖时，突然感到天旋地转。他睁开眼，看到北欧正使劲晃着自己，于是不耐烦地说：“干嘛啊？眼看权杖就要到手了。”

“不要做青天白日梦了，天都亮了，我们快赶路吧。”北欧说着已经走出了洞口。

艾尼蒙磨磨蹭蹭地出了洞，奇怪地发现北欧和一只陌生麻雀正站在一起不知张望什么。于是，艾尼蒙也好奇地凑过去张望，可是看得眼泪都出来了，却一无所获。

他小声问北欧：“你们在看什么？”

“我也不知道，正找呢！”北欧也纳闷地说。

“请问，你在看什么呀？”北欧问麻雀。

麻雀说："你知道吗？昨天晚上刮大风了。"

"哦，明白了，你在找帽子，一定是被风卷跑了吧？"北欧自作聪明地说。

"我从来不带帽子，我是说我之前一直在和同伴们一起迁徙。"麻雀说。

"哦，我知道了，是你觉得同伴们太枯燥，所以自己出来看风景了。"艾尼蒙自以为是地说。

"你们在乱七八糟地说什么？"麻雀都抓狂了，"告诉你们，我是说我们伊城麻雀（一个麻雀种类）的迁徙路线很狭窄，宽度只有一千米左右。本来我按着既定路线沿着海岸线迁徙，可是昨天突然来了一阵大风，我被吹得偏离了正常路线。现在，我正在找回到海边的路线呢。"

“啊，原来你是迷路了！”艾尼蒙和北欧恍然大悟。

“不用担心，我们正要去岸边，一起走吧。”北欧爽快地说。

麻雀当然愿意，于是三个伙伴又上路了。

飞了好长时间，终于看到了大海。

“那是什么？”艾尼蒙指着海岸边说。

果然，那里海浪翻滚，不断有水柱喷向天空。

“是灰鲸。”伊城麻雀说。

“鲸？他们应该是在远海活动吧？”艾尼蒙不解地问。

“灰鲸比较特殊，他们每年都从北极圈迁移到这里繁殖，行程1万千米，创下了哺乳动物迁移距离最长的记录。”伊城麻雀说。

“现在北极特别冷，他们跑到这里就可以填饱肚子了。”北欧说。

“那倒不是，其实他们冬天几乎是不进食的，来这里的主要原因是因为温暖的环境有利于小鲸的生长。”麻雀回答。

“我听到鸟的叫声了，也许是你同伴吧。”艾尼蒙直着耳朵说。

“是啊，我也听到了，好像就在那个海角边。”北欧指指远处突入大海的岩岬说。

他们急忙飞过去看，海岸上果然落满了飞禽，叽叽喳喳，特别热闹。

“果然是我的同伴们，”麻雀高兴地说，“他们在为跨越大海作准备，我终于赶上他们了。”

告别了伊城麻雀，艾尼蒙和北欧沿着海岸继续赶路，他们看到了成群的海狮、海豹争抢岸边的礁石，还碰到了自东向西迁徙的白翅海番鸭，真是增长了不少的见识。

风和日丽，大家的心情都很好。

北欧兴致勃勃地提议：“艾尼蒙，你刚长出翅膀，不知到底能飞多快，我们来比赛吧！顺便我还能指导你的飞行技巧。”

“你不要得意，比就比！”艾尼蒙说着已经冲到了前面。

艾尼蒙拼命地扑腾翅膀，但是总也赶不上前面的北欧，北欧不时回头嘲笑几句，艾尼蒙肺都快气炸了。

突然，他们的后面传来了巨大的响声，一个庞然大物呼啸着飞过。

“是人类的飞机，速度好快，多神气！”艾尼蒙羡慕地说。

“人类虽然没翅膀，但坐着飞机却可以在天空轻松翱翔。我见过一种鸟叫翻石鹬，速度极快，可是他足足飞一天的距离，普通飞机却能在一小时内就完成。”

这时，经过他们身边的迁飞鸟群越来越多，北欧和艾尼蒙这才注意到，天空已经渐渐阴郁，乌云压了下来。

北欧担心地说：“不好，鸟类都集中在云层下面飞，看来乌云已经集聚得很厚，恐怕暴风雨快来临了。”

说话间，在苍茫的大海上，狂风开始卷集乌云。在乌云和大海间，艾尼蒙和北欧在艰难地飞翔。

一会儿，他们的翅膀碰着海面，一会儿又箭一般冲向乌云。

北欧恐惧地说：“暴风雨太大了，我们躲躲吧。”

“不，这种天气让人兴奋，正是锻炼我翅膀的好时候！”北欧看不到艾尼蒙，但却听到了他快乐的喊声。

“这就是精灵的决心吗？”北欧被艾尼蒙热情的精神感染，也鼓起勇气冲向了乌云。

这一对胜利的伙伴，自由地飞翔，他们和轰鸣的雷声争鸣，与强劲的狂风搏斗，他们嘲笑不断呻吟的海鸭，
嘲笑躲在悬崖下面的肥胖的企鹅。

渐渐地，暴风雨已经困乏，太阳最终露出了笑脸。

经过暴风雨的洗礼，艾尼蒙和北欧已经筋疲力尽，他们决定先找一个落脚的地方。

他们发现一座小岛，海滩上绿油油一片，艾尼蒙感慨地说："天气虽然冷，但一场雨下来，海滩上还是长出这么多新草来。"

北欧没好气地说："你是童话作家吗？这么有想象力，你好好看看那是什么？"

艾尼蒙仔细看看，果然搞错了，原来海滩上的是一只只绿海龟啊。

“他们每年都会乘着洋流游2000多千米来这里产卵，这里没有偷蛋贼打扰他们。”北欧解释说。

“这么小个岛，他们从那么远来，怎么能准确地找到这里？”艾尼蒙问。

“这可是他们的秘密，也许是靠着以前的记忆，也许是靠着太阳定位，也许是靠着磁场的指引，总之，还是不要打扰他们！我们找个地方歇歇，喝点水吧。”北欧说。

他们绕着小岛飞了一圈，发现在岛中央有一片池塘，于是落了下去。

刚喝了几口水，就听到了隐约传来的快乐歌声。

循声望去，原来是一群池塘边的虫子在狂欢。

艾尼蒙和北欧也凑上去，跳了几支舞后，艾尼蒙问一只蛾子：“你们怎么这么高兴，离新年不是还早呢嘛？”

“我们这里可有比新年更值得庆贺的事，青蛙们终于离开这里去越冬了。”蛾子高兴地说。

“每年春天，青蛙从冬眠中醒来，就会来到池塘里繁殖。那时我们可遭殃了，他们整个冬天没吃东西，都饿疯了。只要发现我们，绝不放过。”苍蝇心有余悸地说。

“嗡嗡……现在好了，他们去冬眠了，我们解放了，哈哈……”蚊子歇斯底里地大笑，其他飞虫也笑成了一片。

“愚蠢的虫子，现在安全了，明年春天还不是要倒霉？”艾尼蒙和北欧不以为然地说完，离开了池塘。

他们向着海岸飞去，天色渐渐暗了下来。

“北欧，天黑了，我们找个地方休息吧。”艾尼蒙建议。

“不行，时间不多了，我们要连夜赶路。”北欧回答。

“连夜赶路？这么黑，你认得路吗？”艾尼蒙疑惑地问。

“当然，看前面的星星，只要向着它的右边飞就可以了。”北欧胸有成竹地指着前面的一个亮点说。

“北欧每年都在这条路上迁徙，应该不会走错吧！”艾尼蒙这样想着，迟疑着跟在了北欧后面。

整整飞了一晚上，汗水湿透了艾尼蒙的全身，到后来，虽然他的翅膀在扇动，但眼睛已经睁不开，打起了呼噜。

突然，耳边响起北欧尖利的叫声：“啊！怎么会这样？”

艾尼蒙慌忙睁开眼睛，眼前的情景也让他瞠目结舌。

原来，浩瀚的大海消失了，现在他们看到的是无垠的陆地。

“怎么回事？很明显，是你带错了路。”艾尼蒙大叫着抱怨北欧。北欧也一头雾水，一时不知哪里出了错，嘟囔着说：“这条路我走了很多次，绝对不会出错的啊。”

“你还在吹牛，告诉我，这里是哪里？现在怎么办？”艾尼蒙喋喋不休地抱怨，让本来就头大的北欧更加糊涂。正发愁时，北欧突然指着下面说：“快看那里！”

原来是一群棕熊正站在小瀑布的岩石上面，专心致志地盯着水面，艾尼蒙问：“这些老熊在干什么？”

“呵呵，这你就不知道了吧！”北欧一反刚才的沮丧表情，得意地说：“现在正是鲑鱼从海洋洄游到他们出生地进行繁殖的季节，这些老熊正守在这里，等着鲑鱼跳出水面跃上瀑布的瞬间捕捉他们呢！”

“谁说我不知道？”艾尼蒙不服气地说，“鲑鱼为了后代不辞辛劳，知难而进的精神可是在动物界很有名的。”

“嘿，看不出你还有点见识，鲑鱼飞越瀑布的场面非常精彩，我们等着看看吧。”北欧突发奇想，将赶路的事情扔到了脑后。

艾尼蒙没办法，只好和北欧一起落到河边的树杈上静静等候。

突然，一条鲑鱼跃出了水面，接着又是一条，随后河面上银色的鲑鱼接二连三飞舞起来。

瀑布上的棕熊兴奋起来，一改平时慵懒的动作，张牙舞爪地抓起了鲑鱼。

其中有两只熊很狡猾，自己不去抓鱼，却趁别人不注意，抢别人的鱼吃。

艾尼蒙看着很生气，说：“哼，最看不惯这种好吃懒做的家伙，走，我们去教训教训他们！”

恰好，一只懒熊又抢了别人一条鱼，正要享用时，艾尼蒙在他背后狠狠踹了一脚，然后迅速飞走了。

懒熊一个趔趄，差点摔下瀑布，他暴跳着扭过脸，对着后面的另一只懒熊就是一巴掌：“你这个无耻的家伙，抢到我头上来了！”

那只懒熊被打得转了一圈，二话不说，也大叫着扑向对方。

在两只懒熊拼命厮打的时候，鲑鱼们已经纷纷跃上瀑布，游向了内陆的河川。鲑鱼们，勇敢地冲向前方，身体慢慢由银色变成赤褐色。

北欧激动地说：“太让人振奋了，简直就是一曲激昂的生命交响乐啊！”

“啪！”艾尼蒙在他头上重重拍了一巴掌，催促说：“别抒情了，快想想回去的路吧。”

“没有其他办法，只好原路返回，不过这趟也没白跑，免费看了一场老熊捉鱼。”北欧若无其事地说。

飞了半天时间，隐约在海岸边看到有一座巨大的灯塔，北欧恍然大悟：“怪不得我会迷路，原来这里新修了一座灯塔，昨晚我一定是把它的灯光当成了导航的星星，真可恶！”

北欧坚持要在灯塔上留下点鸟屎以解心头之恨。可是，当他们靠近灯塔时，却被吓得什么都做不了了。

因为在灯塔的下面，散落着几百具飞鸟的尸体。

“这些鸟一定是被灯光误导后，撞死在了灯塔上，如果，如果我们没有偏向右飞的话，也会……”艾尼蒙的话没说完，北欧已经大汗淋漓了。

“好朋友，你没事吧？用不用我去抓条鱼来给你吃啊？”艾尼蒙看着瑟瑟发抖的艾尼蒙问，北欧没有回答，不过他肚子里不断传来的“咕咕……”声却做出了最肯定的答复。

艾尼蒙很快就为北欧抓回一条大鱼，北欧疑惑地说：“这种鱼以前都在南方，为什么现在跑到了这里。”

“一定是知道我们饿了呗。”艾尼蒙一边吃一边说。

“哼！”北欧嗤之以鼻。

“哎呀，好久没有欣赏蓝天了。”突然传来了说话声。

“什么声音？”艾尼蒙怔住了，颤抖着说，“不会是那些小鸟的尸体在说话吧？”

“胆小鬼，别胡说，你看那里。”北欧指了指海面。

原来在海面上有两条碟鱼，正在悠闲地仰泳，观赏着蓝天。

“现在海面温度越来越高，我只好寻找更深更凉爽的水域，整整下潜了30多米，搞得来一次海面都不容易。”一只碟鱼说。

“还不是因为全球变暖？人类捕杀我们也就忍了，现在还一味破坏环境。”另一只碟鱼说。

北欧看了看艾尼蒙："明白了吧？"

"明白什么？"艾尼蒙丈二和尚摸不着头脑。

"你真笨呀，就是因为气候变暖，海水温度上升，所以以前在南方的鱼才会游到这里来。我们的迁徙是为了寻找温暖，他们的迁徙却是为了寻找凉爽，真是反常的现象。"北欧叹息说。

“呼！”一阵风吹过，北欧打了一个寒战。“好像要变天了。”

“看这个情形，恐怕会有暴风雪，我们还是找个地方躲躲吧。”艾尼蒙说着四处张望，突然眼睛一亮：“我看就去那里避避吧！”

北欧看到他指着灯塔，又打了一个寒战：“什么，那里？”

“不要犹豫了，不想被冻死的话，就快来吧。”艾尼蒙飞向灯塔。

他们进了灯塔，发现这里已经聚集了各式各样的鸟，唧唧喳喳地正在聊天。

鸟儿们的话题，大多都是讲自己的捕食经历。

山雀说：“你要是抓蝗虫，不要去没有植物种子的地方，那种地方他们根本不停留。”

“说得对，”大树莺说，“要想吃他们的幼虫，就要去温暖的地方，在寒冷的地方他们一般都不生小孩的。”

“哎哟哟！”这时传来了呻吟的声音，大家一起向墙角看过去，那里正躺着一只红嘴鸭，脸上呈现着痛苦的表情，不住地用翅膀摸着自己那出奇大的肚子。

艾尼蒙关心地问：“朋友，你怎么了？得大肚子病了吗？我这里有药。”旁边一只红嘴鸭讪笑着说：“嘿嘿，什么大肚子病，都是他太贪嘴的缘故。”

原来就在昨天，红嘴鸭群碰到了一群迁徙的蝗虫，不计其数的小蝗虫在地上跳跃前进，成年的蝗虫则靠着风力迁徙。红嘴鸦群欣喜过望，冲到蝗虫堆里饱餐了一顿，结果那个红嘴鸭被撑得行动都十分困难。

大家“嘘”声一片，都在嘲笑那个贪婪的红嘴鸭。

“你们碰到的是群居型蝗虫，还有一种散居型蝗虫，也迁徙，但不结群，迁徙时间都在晚上。唉，前几天我们一路追赶，结果有好多兄弟姐妹都撞到了这个灯塔上。”一只沙燕说着抽泣起来。

这时，外面的暴风雪吹进了灯塔，大家都团缩起来，不再说话。

艾尼蒙和北欧不知什么时候睡着了，睁开眼时，天已经亮了，暴风雪肆虐了一个晚上，刚刚才停止。

“哎呀，耽误太多时间了，恐怕又得赶夜路了。”北欧着急地冲出了灯塔。

“什么？”艾尼蒙听着说又要赶夜路，扑棱着翅膀可就是飞不起来。

“呵呵，我是开玩笑的，就把你吓成那样？放心，这里的气候已经不像北方那样冷了，我们速度慢点也没关系。”北欧看着艾尼蒙害怕的样子，安慰说。

“我不是害怕赶夜路，我发抖是因为看到了那个。”说着艾尼蒙指了指远处。

北欧顺着看过去，也哆嗦起来。

原来在海岸边，铺着一层昆虫的尸体，足足有几万只那么多。

“是王蝶，本来是多漂亮的生灵啊，可惜……”北欧痛惜地说。

“大概是被昨天的暴风雪冻死的吧！”艾尼蒙猜测说。

“嗯！”北欧点点头，“你看，动物为了迁徙要付出多大代价呀！”

“你们说的对，动物迁徙不仅要受到恶劣天气和天敌的威胁，另外还要忍受人类的侵扰，可怜的我就常常成为猎枪瞄准的对象。”不知什么时候，一只长嘴巴的鸟站在他们旁边深有感触地说。

“这也不能全怪人类！”北欧冷冷地对这只鸟说，“谁让你在南方危害稻秧呢！”

原来，说话的小鸟虽然在北方受到保护，但在南方，因为它们危害稻秧，所以经常会受到人类的猎杀。

艾尼蒙见那只鸟很尴尬的样子，就悄悄拉了拉北欧，说：“本来有益无益都是人类依据自己的需要界定的，他们砍伐森林，破坏鸟类的家园和觅食地，吃点稻秧也是迫不得已呀。”

长嘴鸟激动地对艾尼蒙说：“还是小精灵明白道理，不像有些鸟，不懂装懂。”边说边瞪了北欧一眼。

北欧火冒三丈地冲着飞走了长嘴鸟大嚷："竟然说我不懂装懂，小精灵的知识可是和我学的！"

他们两个唧唧喳喳吵个不停。

艾尼蒙却忧伤起来，他对北欧说："亲爱的北欧，我们已经迁移了很远的距离，像你说的，这里的气候没那么冷了，所以我恐怕不能继续陪你了。"

“你要留下？”北欧嚷道，艾尼蒙说：“我如果继续向南飞，就会赶不上北方的精灵毕业仪式。看来，我们只有明年再见了。”

“好吧，明年我们还一起向南飞。”北欧转忧为喜，“我体内的生物钟会提醒我什么时候该去南方，什么时候该回北方。”北欧说。

“那么，北欧，起飞吧！”艾尼蒙说。

“再见，朋友！”北欧高声喊着，向大海飞去了。

“秋天，无数迁徙的动物为了追求温暖的气候和充沛的食物而离开自己出生长大的故土，迁往遥远的异乡。你看，那悠然自得，排着整齐队形的大雁，正缓慢而有节奏地划动着双翼；大群的寒鸦一边叫着，一边回旋着，像打着漩涡的河水一样流向远方；还有在银色天空中发出鸣叫声的鹤群，多么令人神往。迁徙是美丽的，这些探险家被神奇的力量支配着，跨越高山、海洋和大川，在千里征途中，齐心协力，勇往直前，不达目的决不罢休。”艾尼蒙深情地写下这些话，慢慢合上了精灵笔记本。